AVOCADO
酪梨狂熱

RECIPE BOOK

超營養、極美味、很簡單，從沙拉、丼飯、
義大利麵、甜點到下酒菜的人氣食譜 80 ＋

avocafe
宮城尚史　宮城香珠子

前言

擁有魔法的酪梨，
不分男女老少，擄獲大家的心。
就是好喜歡那濃郁滑順的滋味，
一回神早已成為酪梨的俘虜。

沾著哇沙米醬油新鮮生食也很美味，
烤一烤、炒一炒，時而變得鬆軟、時而變得滑嫩⋯⋯
不同料理方式所呈現出來的口感變化，也是酪梨的魅力之一。
歸類於水果，卻能像蔬菜一樣活用在各種料理，
不僅好吃，而且營養滿分！還能養顏美容、有益健康。

隨著如此對酪梨的熱愛越來越強烈，
出現了「好想開一家酪梨料理專賣店！」的想法，
於是在 2007 年，「avocafe」開幕了。

本書特別挑選了「avocafe」的人氣餐點，
設計出在家也可完成的簡單食譜。
另外，也介紹了我們私底下常吃的，
店裡沒有供應的酪梨私房菜。

酪梨是個萬能選手，不管搭配什麼料理都能合作無間。
希望能夠透過這本書，讓大家發現全新的味覺享受。
相信你也一定會更加喜歡酪梨！

CONTENTS

PART 1

擺上各種配料
超簡單的酪梨食譜

PART 2

每天都想吃
avocafe 的人氣餐點
cold & hot

健康美容好處多！
來認識營養滿分的酪梨吧！

AVOCADO
PROFILE

表面看起像
粗糙的鱷魚皮，因而有
鱷梨這樣的屬名。

分類
樟科鱷梨屬

原產地
主要在中南美洲

美味酪梨的產季
2～7月

熱量
1 個（約 160g）＝約 290kcal

主要營養成分
鉀、維生素 E、
維生素 C、葉酸、膳食纖維等

○酪梨是什麼？

香濃滑順、滋味有層次的酪梨，特別受到女性們的喜愛。由於脂肪含量
豐富，也被稱為「森林的奶油」。雖說是脂肪，但酪梨中含有的是具降
低膽固醇功能的「不飽和脂肪酸」，因此可以安心攝取。酪梨還含有豐
富的維生素及膳食纖維，是非常營養的水果。

要注意的是熱量較高，每天只要 1/2 顆就能達到健康養顏的效果。品種
高達 1000 多種，而在日本販售的幾乎都是「Hass」這個品種，特徵是
外型圓潤、皮厚及濃郁口感。雖然日本國內也有栽種，不過餐桌上吃到
的還是以進口居多，墨西哥產就占了九成，其次為美國、紐西蘭，然後
智利。

消除便秘，告別凸出的小腹

酪梨含有豐富膳食纖維，1 顆的含量就等於 2 條地瓜，是萵苣或香蕉的 5 倍之多。一口氣讓便秘和凸出小腹都消失無蹤。

排出水分和廢物，輕鬆瘦身

含利尿作用的鉀和膳食纖維，能夠幫助身體排出水分和廢物、改善體質。

同時吃進維生素 C 和 E，減少自由基

酪梨是少數兼有大量維生素 C 和 E 的食物。這兩種維生素可以維持體內正常的抗氧化力，減少自由基對身體的傷害。

降低膽固醇，促進血液循環

含有豐富的單元不飽和脂肪酸，能降低血膽固醇，加上抗氧化的維生素E，避免血管阻塞與氧化，預防血液循環不良所引起的症狀。

對於預防高血壓 & 癌症也很有效

鉀能幫助體內排出多餘的鹽分，預防高血壓。另外膳食纖維可以預防癌症、心臟病及動脈硬化的效果。

〈酪梨油〉

酪梨油濃縮了酪梨中含有的維生素、礦物質，及可降低膽固醇的油酸（omega 9）等健康成分。無論是入菜涼拌、煎煮炒炸，還是拿來按摩或當成卸妝油使用都 OK！

挑選最佳賞味期的酪梨

要挑選好吃的酪梨，
不只看外皮顏色，記得還要摸摸看！

point

1 果皮厚度

選擇皮厚摸起來粗糙的。傷口會加速水果腐壞，所以記得檢查外皮是否完好，有無裂開及碰撞傷痕。

point

3 顏色氣味

盡量選擇顏色深的。 尚未成熟的酪梨外皮呈現綠色，顏色隨著熟度增加而逐漸轉黑。偏黑的深褐色是最佳賞味期的特徵。

point

4 柔軟度

摸起來飽滿，輕壓柔軟有彈性的為佳。有些變軟的酪梨，可能有撞傷或壓傷的情況，所以在挑選上要特別注意。

point

2 蒂頭

蒂頭感覺略微鬆動，周圍凹陷變得明顯的時候，差不多就可以吃了。蒂頭周圍太軟的酪梨，很可能已經氧化變色，所以在挑選上要特別注意。

CHECK

催熟一下就 OK

就算買回來的酪梨還沒成熟也不要緊！誰都可以簡單把酪梨催熟。
到最佳賞味期再稍微等一等！

before

未熟

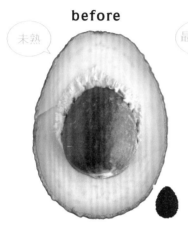

果皮是綠色的，摸起來
偏硬，生食口感苦澀，
建議以煎炒等方式處理
後食用。

after

最佳賞味期

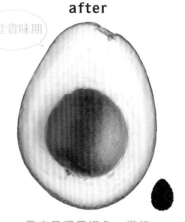

果皮呈現黑褐色，摸起
來飽滿有彈性，就算生
食也是絕佳美味！

○酪梨催熟的方法

最簡單的方法就是把酪梨置於室溫當中。放
在大碗或籃子裡，置於溫度變化小的地方
（20～25℃左右最為恰當），酪梨就會自
然成熟。如果想加快成熟速度，就和蘋果一
起包進塑膠袋裡，蘋果中富含植物荷爾蒙「乙
烯」具有催熟效果。另外要注意，冷藏會減
緩成熟的速度。相反地，若完熟的酪梨還沒
要吃，就建議放進冰箱裡保存。

9

酪梨處理方法

中間有一大顆果核的酪梨，
只要抓到訣竅，就可以漂亮取出完整果肉。

切入

1

轉動

垂直對切，碰到中間果核時，
就開始轉動酪梨，完整切一圈。

扭轉

2

兩手分別握住酪梨的兩半，
往相反的方向扭轉。

掰成兩半

3

像打開蓋子的感覺，把酪
梨掰開，分成兩半（果核
會附著在其中一邊）。

取出果核

4

用刀刃靠近刀柄處插進果
核，輕輕轉向取出果核。

剝皮

5

從邊緣慢慢把皮剝掉（大
面積剝除的話，果肉會更
完整漂亮）。

各式各樣切法

只是稍微變換切法，就能轉換料理花樣。
酪梨就是這麼有趣！
請多多嘗試，盡情享受百變酪梨！

1/2 對切

對切取出果核後剝去果皮（參
照 P.10）。若要把果皮當容器
使用時，可用湯匙或挖杓（參
照本頁右下）取出果肉。

切片

將去核去皮（參照 P.10）的
1/2 對切酪梨，縱向切成片狀。

切丁

將去核去皮（參照 P.10）的
1/2 對切酪梨，縱橫交錯切成
個人喜好大小的方塊。

挖成圓球

將去核去皮（參照 P.10）的
1/2 對切酪梨，用挖杓挖出一
顆顆的圓球。

〈挖杓〉
製作哈密瓜球時，有一支能
將水果挖成圓球的工具就會
非常方便。配合酪梨的大小，
建議使用比較小支的挖杓。

酪梨保存方法

一整顆用不完、剩下的酪梨，
聰明保存一樣好吃。

1 滴上檸檬汁

滴上檸檬汁（或萊姆汁）可以防止酪梨變色。
酪梨容易從果核取出的部份開始腐壞，所以最好連果核一起保存。

> 先從沒有果核的
> 那一半開使用！

注意！切開的酪梨會變色！

酪梨從切開與空氣接觸的那一刻起，就會開始進行氧化
作用導致果肉變黑。製作酪梨料理時，記得在要使用時
再切開。保存的時候可以利用檸檬或萊姆的還原作用能
夠防止與空氣接觸所造成的變色。

---

2 用保鮮膜包住

用保鮮膜將切口處包好，放進保鮮袋擠出空氣，冷藏或冷凍保存。

要保存一整顆酪梨的話

到了最佳賞味期卻吃不完，或是還沒要吃的酪梨，放進
冰箱冷藏約可保存 2 ～ 3 天。比起直接放進冰箱，先用
沾濕的報紙包好放進保鮮袋後冷藏的話，可防止水分流
失，就能再多放幾天。另外要注意，如果一直擺在室溫
下，或放在像蘋果這類會散發植物荷爾蒙（參照 P.9）
的水果旁邊的話，很容易過熟變得軟爛。

如何使用本書食譜

* 一次用不完整顆酪梨的話，請先使用沒有種子的半邊。
  剩下的滴上檸檬汁用保鮮膜包好，冷藏或冷凍保存 (參照
  P.12 ～ 13)。
* 本書食譜所使用的足熟度適中的酪梨。
* 容量換算：1 大匙 = 15ml、1 小匙 = 5ml。
* 白飯 1 碗的份量約為 250 克。
* 微波烤箱、微波爐的加熱時間為認定 600W 的狀態。
  由於廠牌機種不同，時間也許會有所改變，請依實際狀態作
  調整。
* 材料的地方若有修（煎成起）去皮等特別標記的話，請先處
  理好備用。
* 甜椒的種類為有特別註明的話，請依個人喜好選用。

PART

1

EASY

avocafe recipe

擺上各種配料
超簡單的酪梨食譜

先來品嚐酪梨原始美味！只要將
酪梨對切取出果核，然後擺上各
種食材。不一會兒工夫就完成的
簡單料理。

柚子醋凍

只要在酪梨淋上柚子醋凍，
酸溜溜的滋味，讓人一口接一口。

材料（1 人份）

酪梨 … 1/2 顆
柚子醋凍（市售）… 適量

作法

在凹洞倒入柚子醋凍。

ARRANGE

柚子醋凍＋海葡萄

在凹洞倒入柚子醋凍，再加上海
葡萄也很好吃。海葡萄的爽脆口
感，實在讓人無法抵抗。

莫札瑞拉起司
＋橄欖油＋岩鹽

酪梨加上滿滿的莫札瑞拉起司，
最適合葡萄酒的完美搭配。

材料（1 人份）

酪梨 … 1/2 顆
莫札瑞拉起司 … 40g
橄欖油 … 適量
岩鹽 … 少許
芝麻葉 … 依個人喜好添加

作法

在凹洞放入莫札瑞拉起司，淋上橄
欖油，再灑些岩鹽。依個人喜好添
加芝麻葉。

韓式泡菜＋青紫蘇葉

口感溫和的酪梨加上微辣的泡菜，天生絕配！
提味的青紫蘇葉，為料理更添色彩。

材料（1 人份）

酪梨 … 1/2 顆
韓式泡菜 … 40g
青紫蘇葉 … 3 片
芝麻油 … 適量

作法

在凹洞放上韓式泡菜和切絲
的青紫蘇葉，然後淋上芝麻
油。

新鮮山葵＋酪梨油＋醬油

只要使用風味獨特的酪梨油和新鮮山葵，
簡單配料也能享受奢侈的美味。

材料（1 人份）

酪梨 … 1/2 顆
新鮮山葵 … 1 根
酪梨油（P.7）… 適量
醬油 … 適量

作法

在凹洞倒入酪梨油（約 1/2
～ 2/3 高度），然後淋上醬
油。新鮮山葵削皮磨成泥，
依個人喜好添加。

白蘿蔔泥＋青紫蘇葉＋醬油

酪梨搭配和風食材也非常對味。
清爽的白蘿蔔泥加上青紫蘇葉的香氣更添滋味。

材料（1 人份）

酪梨 … 1/2 顆
白蘿蔔 … 1/6 條
青紫蘇葉 … 3 片
醬油 … 適量

作法

將白蘿蔔磨成泥後擠出多餘水分，青紫蘇葉切絲。
在凹洞放上白蘿蔔泥和青紫蘇葉。享用時依個人喜
好淋上醬油。

溫泉蛋＋牛肝菌油

搭配滑滑嫩嫩的半熟溫泉蛋一起享用。
淋上牛肝菌油，風味瞬間提升！

材料（1 人份）

酪梨 … 1/2 顆
溫泉蛋 … 1 顆
牛肝菌油 … 1 大匙
（可用市售的香料油
或橄欖油取代）
岩鹽 … 少許
粗磨黑胡椒 … 少許
綠花椰菜芽 … 依個人喜好添加

作法

在凹洞放入溫泉蛋，淋上牛
菌肝油，灑上岩鹽、黑胡
椒。依個人喜好添加芽菜類
生菜。

鮪魚＋美乃滋＋咖哩粉

拌著咖哩風味的美乃滋鮪魚醬，當成小菜也好吃。
咖哩粉的量可依個人喜好做調整！

材料（1 人份）

酪梨 … 1/2 顆
Ⓐ 鮪魚罐頭 … 1 罐（80g）
　 洋蔥末 … 1/4 顆
　 咖哩粉 … 1 大匙
　 美乃滋 … 1 大匙
蒔蘿 … 依個人喜好添加

作法

將鮪魚罐頭的油瀝乾。將Ⓐ
放入調理盆中混合。
在凹洞放上拌好的Ⓐ，依個
人喜好添加蒔蘿裝飾。

PART

2

POPULAR

avocafe recipe

每天都想吃
avocafe 的人氣餐點
cold & hot

印象中以生食居多的酪梨，炒一
炒、炸一炸，又是另一種不同風
味。接下來介紹的料理輕鬆就能
完成，很適合作為晚餐或是宴客
的菜餚！

新鮮生食的
酪梨食譜

柴魚片風味奶油
起司拌酪梨

在漢堡排的材料裡加入酪梨,讓口感更加滑順。
也很推薦拿來作便當菜!

材料(2 人份)

酪梨 … 1/2 顆
奶油起司(cream cheese)… 30g
Ⓐ 橄欖油 … 少許
醬油 … 2 ～ 3 滴
哇沙米 … 少許
柴魚片 · 蔥花 … 各適量

作法

1. 將Ⓐ放入調理盆中混合,製作醬料。
2. 將酪梨果肉完整取出(皮留下來當容器使用),和奶油起司一起切成 1 cm 丁,放進 1 的調理盆中涼拌。
3. 把 2 裝進酪梨皮,灑上柴魚片和蔥花。
   ＊使用其他容器盛裝也 OK。

竹輪沙拉

使用鮭魚卵和微嗆的哇沙米醬當作配料，
竹輪也能升級為時尚前菜。

材料（2 人份）

竹輪 … 2 條
酪梨哇沙米沾醬（P.59）… 適量
青紫蘇葉、鮭魚卵 … 各適量

作法

1. 竹輪 1 條切成約 4 ～ 5 等份，把沾醬填進中間空洞。
2. 在盤子鋪上青紫蘇葉，擺上 1 的竹輪，用鮭魚卵裝飾。

一整顆的義式番茄起司沙拉

使用番茄、羅勒、莫札瑞拉起司製作的
義大利傳統沙拉,加了酪梨後的升級版。
番茄以整顆的方式裝盤,看起來格外華麗。

材料(1 人份)

酪梨 … 1/2 顆
莫札瑞拉起司 … 70g
番茄 … 1 顆
檸檬汁 … 適量
鹽‧胡椒 … 各少許
羅勒葉 … 適量

作法

1. 番茄切掉蒂頭的部分朝下,由上往下切成 6 等
   份的薄片,下方留約 1cm 不要切斷。酪梨、莫
   札瑞拉起司切片。
2. 將酪梨和莫札瑞拉起司輪流放進切縫中。
3. 將 2 裝盤,滴上檸檬汁,灑上鹽、胡椒,放上
   羅勒葉裝飾。

涼拌酪梨蟹肉冬粉

食慾不好時也可滑溜入口的涼拌冬粉。
酪梨容易拌爛，記得最後再加進去！

材料（2～3人份）

酪梨 … 1/2 顆

蟹肉（水煮、或罐頭）… 50g

冬粉（乾燥）… 30g

小黃瓜 … 1/3 條

紅蘿蔔 … 40g

Ⓐ 柚子醋 … 2 大匙

橄欖油 … 1 小匙

柚子胡椒粉 … 1/3 小匙

蔥花 … 適量

白芝麻 … 適量

作法

1. 冬粉用滾水煮熟，撈起後用冷水沖洗、瀝乾。
   酪梨切成 1cm 丁。

2. 將Ⓐ放入調理盆中混合，加入 1 的冬粉和小黃瓜、紅
   蘿蔔、蟹肉拌勻。

3. 最後在 2 加入酪梨混合，然後盛盤，灑上蔥花、白芝麻。

EASY

avocafe recipe

05
cold

生火腿蘑菇酪梨沙拉

生火腿的美味、蘑菇的風味、酪梨的濃郁滋味，
簡單卻口感豐富的一道沙拉。

材料（2 人份）

酪梨 ⋯ 1/2 顆

蘑菇 ⋯ 4 顆

生火腿 ⋯ 1 片

Ⓐ 橄欖油 ⋯ 2 大匙

　水果酒醋（有的話再加）⋯ 1 小匙

　鹽・胡椒 ⋯ 各適量

羅勒葉 ⋯ 2 片

山蘿蔔葉 ⋯ 依個人喜好添加

作法

1. 蘑菇用手撕成 3 ～ 4 等份，生火腿撕成小片。
   酪梨切成一口大小。

2. 將Ⓐ放入調理盆中混合後，加入 1 涼拌。

3. 盛盤，灑上撕小片的羅勒葉，依個人喜好添加山蘿蔔
   葉裝飾。

南瓜酪梨沙拉

南瓜的輕柔甜味完整融入酪梨，
加了優格的沙拉醬，更加清爽可口。

材料（2 人份）

酪梨 … 1/2 顆

南瓜 … 1/4 顆

Ⓐ 原味無糖優格 … 1 大匙

咖哩粉 … 少許

美乃滋 … 1 ～ 2 大匙

鹽‧胡椒 … 各少許

花生 … 適量

作法

1. 南瓜切成一口大小，和水 1 大匙（材料份量外）一起
   放進耐熱容器，微波加熱 2 ～ 3 分鐘。

2. 把 1 放進調理盆，趁熱用叉子稍微搗碎，降溫後再加
   入Ⓐ混合。

3. 將切成一口大小的酪梨加進 2 輕拌後盛盤，灑上壓碎
   的花生顆粒。

章魚番茄酪梨沙拉

嚼勁十足的章魚搭配散發香氣的蔬菜，
份量十足。也可作為下酒菜。

材料（2 人份）

酪梨 … 1 顆
水煮章魚 … 90g
西洋芹 … 1 株
小番茄 … 5 顆
羅勒葉 … 10 片左右
鹽 … 少許
Ⓐ 大蒜（磨成泥）… 少許
  檸檬汁 … 1 小匙
  橄欖油 … 2 大匙
  鹽 · 胡椒 … 各少許

作法

1. 西洋芹切成薄片，抹上鹽巴靜置一會兒，擰乾滲出的
   水分。小番茄切半，羅勒葉撕成適當大小。酪梨、水
   煮章魚切成一口大小。
2. 將Ⓐ放入調理盆中混合，加入 1 拌勻，即可盛盤。

英式涼拌酪梨

清脆的蔬菜，只要加上酪梨，
馬上變成一道滑順可口的英式涼拌。

材料（4 人份）

酪梨 … 1/2 顆
高麗菜 … 1/4 顆
紅蘿蔔 … 1/4 條
小黃瓜 … 1/4 條
洋蔥 … 1/4 顆
玉米罐頭 … 1/2 罐
鹽・胡椒 … 各適量
美乃滋 … 適量

作法

1. 將高麗菜、紅蘿蔔、小黃瓜切成 3 ～ 4cm 的細絲，洋
   蔥切薄片。酪梨切小丁。
2. 將酪梨以外的 1 放進調理盆，加鹽攪拌混合。瀝乾滲
   出的水分，加入玉米和酪梨。
3. 在 2 加入美乃滋，灑上胡椒，整體攪拌均勻後盛盤。

酪梨蘋果沙拉

吃起來像甜點一樣的沙拉，也適合當早餐。
蘋果連皮帶肉加進去，讓口感變得更棒。

材料（2 人份）

酪梨 … 1 顆
蘋果 … 1 顆
Ⓐ 原味無糖優格 … 4 ～ 5 大匙
　 美乃滋 … 1 大匙
　 蜂蜜、檸檬汁、鹽 … 各少許
鹽・粗磨黑胡椒 … 各適量
薄荷葉 … 適量

作法

1. 將Ⓐ放入調理盆中混合均勻。
2. 蘋果連皮帶肉切成 1cm 丁，稍微浸泡鹽水後瀝乾。酪梨切成 1cm 丁。
3. 把 2 加進 1 涼拌，以鹽、胡椒調味。盛盤，擺上薄荷葉裝飾。

滑溜柚子醋拌酪梨

山藥泥的黏性和酪梨充分融合。
當作下酒菜，或是蓋在白飯上面也很好吃！

材料（1 人份）

酪梨 … 1/2 顆

山藥 … 約 10cm

白蘿蔔 … 約 3cm

柚子醋 … 2 小匙

和風鰹魚醬油露 … 2 小匙

細海苔絲 … 適量

作法

1. 山藥和白蘿蔔磨成泥，去除多餘水分。
   酪梨切成一口大小。

2. 在調理盆中混合柚子醋和和風鰹魚醬油露。

3. 把 1 加進 2 攪拌混合，然後盛盤，灑上細海苔絲。

涼拌香味鰹魚酪梨

在盛產美味鰹魚的季節,請一定要試試看。
青紫蘇葉及香蔥等,加入喜歡的香辛料一起享用!

材料(2 人份)

酪梨 … 1/2 顆
鰹魚(生魚片)… 100g
茗荷 … 適量
Ⓐ 醬油 … 3 大匙
　味醂 … 3 大匙
　薑(磨成泥)… 1 小匙
　大蒜(磨成泥)… 少許
　芝麻油 … 少許
白芝麻 … 適量
蔥 … 適量

作法

1. 茗荷切成薄片。酪梨和鰹魚切成一口大小。
2. 將Ⓐ放入調理盆中混合,把鰹魚放進去醃 10 分鐘左右。
3. 在 2 加入酪梨涼拌,然後盛盤。灑上茗荷、白芝麻,擺上蔥裝飾。

義式生干貝佐酪梨

和新鮮的生干貝一起享用。
建議搭配義式香料風味的油醋醬。

材料（2 人份）

酪梨 … 1/2 顆

新鮮干貝 … 4 粒

義式油醋醬（市售）… 適量

胡椒 … 少許

粉紅胡椒粒 … 少許

蒔蘿 … 依個人喜好添加

作法

1. 酪梨切片，干貝橫切成兩片。

2. 在盤子上交替擺放酪梨與干貝。

3. 淋上義式油醋醬，灑上胡椒，用粉紅胡椒裝飾，依個人喜好添加蒔蘿。

甜辣醬花生拌酪梨

加了甜辣醬的異國風味涼拌。
融入花生的口感與香氣，好吃到停不下來！

材料（2 人份）

酪梨 … 1 顆
花生 … 20 ～ 30 粒
甜辣醬 … 50ml
香菜 … 適量

作法

1. 把花生裝進塑膠袋，搗碎成粗顆粒。

2. 酪梨切半取出果核，用湯匙或挖杓乾淨取出果肉（果
   皮留下來當容器使用）。

3. 把 1 和甜辣醬加進調理盆中涼拌。用酪梨皮盛裝後，
   放上香菜裝飾。

   ＊使用其他容器盛裝也 OK。

西式果醋漬酪梨

在 avocafe 也經常把酪梨用果醋醃漬備用。
使酪梨口感更加滑潤，絕妙好吃！

材料（2 人份）

酪梨 … 1 顆
柑橘醋（參照下記，或市售果醋）… 適量
薄荷葉 … 適量

柑橘醋

將葡萄柚、萊姆、檸檬切成適當大小，以水果：穀物醋：
冰糖＝1：1：1 的比例醃漬，靜置一晚。
（多出來的柑橘醋，冷藏可保存 1 周左右）

作法

1. 酪梨切片。
2. 把 1 用柑橘醋醃漬一晚（醋的高度約淹過酪梨）。
   盛盤，放上薄荷裝飾，依個人喜好添加柑橘醋中的葡
   萄柚。

酪梨冷湯

使用整顆酪梨製作的法式濃湯，
洋蔥的甜味搭配義式鹹豬肉是美味的關鍵。

材料（2 人份）

酪梨 ⋯ 1 顆
洋蔥 ⋯ 1 顆
義式鹹豬肉（或培根）⋯ 100g
牛奶 ⋯ 400ml
鹽・胡椒 ⋯ 各適量
橄欖油 ⋯ 適量
山蘿蔔葉 ⋯ 適量

作法

1. 將洋蔥、義式鹹豬肉切碎。酪梨放進調理盆中，用叉
   子壓成泥狀。
2. 在平底鍋倒入橄欖油加熱，將洋蔥拌炒至焦糖色。
3. 在 2 加入義式鹹豬肉，炒熟後倒入牛奶，開始沸騰時
   加入酪梨混合攪拌。待稍微降溫，放冰箱冷藏 3 小時
   左右。
4. 加鹽、胡椒調味，盛入容器後擺上山蘿蔔葉裝飾。

A 咖哩鮪魚

各式各樣的
酪梨沾醬

只要混合食材就能完成的簡單沾醬，
可以用來沾麵包或是拌蔬菜。

B 煙燻鮭魚

C 鹽麴豆腐

E 哇沙米美乃滋

D 酸奶油

POPULAR
avocafe recipe

dips

各式各樣的
酪梨沾醬

A 咖哩鮪魚

美乃滋拌鮪魚，搭配讓人食慾大增的咖哩口味。

材料（容易製作的份量）

酪梨 … 1 顆
鮪魚罐頭 … 1 罐（80g）
原味無糖優格 … 1 小匙
美乃滋 … 2 大匙
咖哩粉 … 1 小匙

作法

瀝掉鮪魚罐頭的油。在調理盆中用叉子把酪梨壓成泥，然後加入所有材料均勻混合。

B 煙燻鮭魚

適合下酒的鮭魚口味。

材料（容易製作的份量）

酪梨 … 1 顆
煙燻鮭魚 … 50g
美乃滋 … 2 大匙
鹽‧胡椒 … 各少許

作法

將煙燻鮭魚撕成小塊。在調理盆中用叉子把酪梨壓成泥，然後加入所有材料均勻混合。

C 鹽麴豆腐

酪梨與豆腐的健康組合。

材料（容易製作的份量）

酪梨 … 1 顆
嫩豆腐 … 150g
鹽麴（市售）… 少許
醬油 … 少許

作法

豆腐壓出水分，和酪梨一起放進調理盆，用叉子壓碎，然後加入所有材料均勻混合。

D 酸奶油

加入細切蔬菜的塔塔醬風。

材料（容易製作的份量）

酪梨 … 1 顆
酸奶油 … 150g
番茄 … 1/4 顆
洋蔥 … 1/4 顆
大蒜粉 … 少許
鹽 … 少許

作法

將番茄、洋蔥切末。在調理盆中用叉子把酪梨壓成泥，然後加入所有材料均勻混合。

E 哇沙米美乃滋

吃得到微嗆哇沙米的和風沾醬。

材料（容易製作的份量）

酪梨 … 1 顆
哇沙米（軟管裝）… 3cm 左右
美乃滋 … 2 大匙

作法

在調理盆中用叉子把酪梨壓成泥，然後加入所有材料均勻混合。

avocafe 的人氣餐點

炒一炒、烤一烤、炸一炸
熱騰騰的酪梨菜

焗烤青醬豆腐酪梨

烤過的酪梨變得更加柔軟，入口即化。
使用現成青醬，簡單就能品嚐道地口味。

材料（1 人份）

酪梨 … 1/4 顆
嫩豆腐 … 1/6 塊
青醬（市售）… 適量
比薩用起司 … 適量
小番茄 … 2 顆
羅勒葉 … 適量

作法

1. 豆腐切成 3 等份，小番茄切成 4 等份。酪梨切片。
2. 在耐熱容器中，將 1 的酪梨和豆腐交錯排列，淋上青
   醬、灑上起司，再放上番茄。
3. 放進烤箱加熱 4 ～ 5 分鐘，烤到起司微焦即可取出，
   擺上羅勒葉裝飾。

02
hot

酪梨漢堡排

在漢堡排的材料裡加入酪梨，讓口感更加滑順。
也很適合作為便當菜！

材料（4 人份）

酪梨 … 1 顆
豬牛混合絞肉 … 200g
洋蔥 … 1/2 顆
蛋 … 1 顆
麵包粉 … 1/2 杯
牛奶 … 2 大匙

鹽‧胡椒 … 各少許
肉豆蔻 … 少許
Ⓐ 日式中濃醬 … 2 大匙
　 番茄醬 … 2 大匙
沙拉油 … 適量
生菜、炸薯條 … 各適量

作法

1. 預先將麵包粉泡在牛奶裡。洋蔥切末，在平底鍋用沙拉油炒一下，放涼備用。

2. 絞肉、蛋放進調理盆，加入 1、鹽、胡椒、肉豆蔻，用手混合搓揉到產生黏性。

3. 將 2 分成 4 等份，分別捏成圓形，把切丁的酪梨從中心包進去。包好整成圓形，中心稍微壓凹。

4. 將沙拉油均勻倒在加熱的平底鍋，把 3 放進去排好，以中火煎到微焦即翻面，蓋上鍋蓋轉小火，燜煎 3 ～ 4 分鐘。打開鍋蓋，煎到兩面微焦即可盛盤。

5. 把Ⓐ倒進剛才 4 使用的平底鍋，稍微收乾醬汁，淋在漢堡排上。最後加上自己喜歡的生菜、炸薯條。

POPULAR

avocafe recipe

03

hot

味噌炒
酪梨茄子豬五花

只要一只平底鍋，炒一炒就完成。
濃郁的味噌醬和酪梨也很對味。

材料（2 人份）

酪梨 … 1/2 顆
茄子 … 2 條
豬五花肉片 … 80g
青椒 … 3 顆
大蒜（磨成泥）… 少許
薑（磨成泥）… 少許

Ⓐ 味噌 … 1 大匙
醬油 … 1/2 大匙
砂糖 … 1/2 大匙
清酒 … 1/2 大匙
水 … 3 大匙
沙拉油 … 1 大匙
芝麻油 … 1 大匙

作法

1. 茄子、青椒切成滾刀塊，五花肉片切成寬 5cm。酪梨切成 1cm 丁。把Ⓐ的材料均勻混合。

2. 平底鍋內倒入沙拉油，先用小火把蒜泥和薑泥炒香後，放入豬肉拌炒。

3. 肉熟了放入茄子一起炒，炒到茄子均勻吸收油份後，把Ⓐ加進去，轉中火煮一下。

4. 待醬汁稍微收乾，加入青椒。青椒變軟後，加入酪梨稍微炒一下，淋上一圈芝麻油即可盛盤。

炸蓮藕酪梨夾心

用蓮藕夾著酪梨油炸。
濃郁滑順的酪梨搭配口感十足的蓮藕，形成絕佳的平衡。

材料（2 人份）

酪梨 … 1/4 顆

蓮藕 … 250g

醋 … 適量

天婦羅粉 … 適量

冰水 … 適量

油炸用油 … 適量

鹽、粗磨黑胡椒 … 各少許

作法

1. 蓮藕削皮，用醋水浸泡３０分鐘左右（醋水淹蓋過蓮藕），然後蒸熟。

2. 將 1 的蓮藕切成 1.5 ～ 2cm 厚的圓片，橫切一刀夾入酪梨切片。

3. 用冰水將天婦羅粉調成麵糊，把 2 沾裹麵糊後，放進 150 ～ 160℃ 的熱油中炸 1 分鐘左右。

4. 取出 3 瀝油後盛盤，灑上鹽、胡椒。

POPULAR

avocafe recipe

05

hot

炸櫻花蝦酪梨餅

用蓮藕夾著酪梨油炸。
濃郁滑順的酪梨搭配口感十足的蓮藕，形成絕佳的平衡。

材料（2 人份）

酪梨 … 1/2 顆
洋蔥 … 1/4 顆
櫻花蝦 … 20g
麵粉 … 適量
冰水 … 適量
鹽 … 少許
油炸用油 … 適量

作法

1. 洋蔥切成絲。酪梨切小丁。
2. 在調理盆中以 1：1 比例混合麵粉和冰水，加進洋蔥、
   酪梨、櫻花蝦稍微拌一下。
3. 用大湯匙舀起 2，輕輕放進 180℃ 的熱油炸至酥脆。
   瀝掉多餘的油份後盛盤，沾鹽巴享用。

焗烤山藥白醬
明太子酪梨

明太子的鹹味恰到好處。
加了山藥的白醬口感清爽，一下子就吃光光。

材料（2 人份）

酪梨 … 1/2 顆　　　　　　鹽・胡椒 … 各少許
山藥 … 200g　　　　　　比薩用起司 … 50g
明太子 … 1 對（2 小條）　起司粉 … 適量
小番茄 … 1 ～ 2 顆
高湯粉 … 1/2 小匙

作法

1. 2/3 的山藥磨成泥作白醬，剩下的 1/3 切成 1cm 丁。
   明太子去掉表面薄膜剝散。小番茄對切。酪梨切片。
   在山藥泥中加入高湯粉、鹽、胡椒調味（清淡調味即
   可，完成後還會灑上起司粉），製作白醬。

2. 依序將山藥丁、酪梨放進耐熱容器中，用湯匙將明太
   子鋪在上方。均勻淋上 2 的白醬，擺上小番茄。

3. 在 3 灑上比薩用起司、起司粉，放進烤箱烤 5 ～ 6
   分鐘至表面微焦。

清炒蒜味
酪梨花椰菜

口感清脆的花椰菜和酪梨沒想到這麼絕配。
厚切培根和大蒜讓人食慾大增。

材料（2 人份）

酪梨 … 1/2 顆
綠花椰菜 … 1 顆
厚切培根 … 1 片
大蒜 … 1 瓣
紅辣椒 … 1 ～ 2 條
鹽 … 少許
橄欖油 … 少許

作法

1. 將花椰菜切成小朵，加鹽燙熟。培根切成 1cm 寬，
   大蒜切末。酪梨切成一口大小。
2. 平底鍋中倒入橄欖油，以小火將大蒜炒出香氣後，加
   入培根和去籽辣椒，炒 1 分鐘左右取出辣椒。
3. 在 2 加進花椰菜與酪梨拌炒，以鹽巴調味後盛盤，放
   上 2 取出的辣椒裝飾。

沙嗲酪梨雞肉捲

明太子的鹹味恰到好處。
加了山藥的白醬口感清爽，一下子就吃光光。

材料（2 人份）

酪梨 … 1/2 顆　　　　　鹽・胡椒 … 各少許
青紫蘇葉 … 4 片　　　　高湯粉 … 少許
雞里肌肉（雞柳）… 4 條　橄欖油 … 適量
小番茄 … 8 顆
羅勒葉 … 少許

作法

1. 一手壓著雞里肌肉一端，另一手用菜刀前端順著方向
   刮除筋膜片開，灑上鹽、胡椒。
2. 酪梨切成 3cm 厚片，用青紫蘇葉捲起來。
3. 把 1 放在里肌肉上捲起來，用牙籤固定。
4. 平底鍋加熱後倒入橄欖油，將 3 開口朝下放進去煎，
   不時翻轉一下，煎 4 ～ 5 分鐘。待表面微焦，加入小
   番茄、高湯粉、羅勒葉輕輕拌炒 3 分鐘左右。拔掉牙
   籤，和小番茄一起盛盤。

夏威夷風香蒜炒酪梨

夏威夷人氣料理加了酪梨多添變化。
酪梨只要稍微拌炒，是料理重點。

材料（2 人份）

酪梨 … 1/2 顆　　　　　鹽・胡椒 … 各少許
蝦仁（冷凍）… 10 隻　　麵粉 … 2 小匙
大蒜 … 4 瓣　　　　　　奶油 … 60g
清酒（或白酒）… 1 大匙　沙拉油 … 適量

作法

1. 蝦仁以沖水方式解凍後，抹上米酒和鹽、胡椒，靜置
   5 分鐘左右。酪梨切丁，大蒜切末。
2. 擦去 1 蝦仁的多餘水分，表面沾裹麵粉。平底鍋內均
   勻倒入少量的油，將蝦仁煎熟後取出。
3. 在 2 的平底鍋中放入奶油與大蒜，以小火慢炒至微
   焦，放進 2 的蝦仁和酪梨，拌炒 30 秒～ 1 分鐘即可
   盛盤。

酪梨歐姆蛋

加了滿滿雞蛋、鬆軟滑嫩的歐姆蛋。
融化的起司是酪梨的最佳拍檔。

材料〔1 人份〕

酪梨 … 1/2 顆　　　　比薩用起司 … 30g

雞蛋 … 3 顆　　　　　鹽・粗磨黑胡椒 … 各少許

小番茄 … 2 顆　　　　鮮奶油 … 2 大匙

蘑菇 … 1 顆　　　　　橄欖油 … 適量

火腿肉罐 … 60g　　　奶油 … 適量

作法

1. 蘑菇切片，小番茄切半。火腿肉切丁。酪梨切片。
2. 在調理盆將蛋打散，放進酪梨以外的 1 的材料，加入適量橄欖油、鮮奶油、鹽、胡椒均勻混合。
3. 平底鍋熱鍋倒入奶油和橄欖油，開始起煙時，將 2 倒入輕輕攪拌。灑上起司，待起司融化再放酪梨。
4. 稍微加熱酪梨，從邊緣把蛋捲起。盛盤，灑上鹽和胡椒。

炸啤酒酪梨

加了啤酒的麵衣炸起來外酥內軟，
會有意想不到的新奇口感。

材料（2 人份）

酪梨 … 1/2 顆
麵粉 … 適量
啤酒 … 適量
鹽 … 少許
油炸用油 … 適量

作法

1. 將麵粉與啤酒以比例 1：1 放進調理盆中混合。
2. 將切片的酪梨沾裹 1，放進 160 ～ 180℃ 的熱油中炸
   1 分鐘左右。
3. 盛盤，灑上鹽巴。

起司酪梨可樂餅

加了起司和酪梨的馬鈴薯可樂餅，
吃起來像奶油可樂餅一樣香濃滑順。

材料（8 人份）

酪梨 … 1 顆

馬鈴薯 … 2 顆

洋蔥 … 1/4 顆

起司片 … 2 片

鹽・胡椒 … 各少許

麵粉 … 3 大匙

蛋液 … 1 顆

麵包粉 … 4 大匙

油炸用油 … 適量

生菜 … 適量

作法

1. 馬鈴薯洗乾淨後煮到變軟，趁熱剝皮用搗泥器或叉子
   壓碎。洋蔥切末，與馬鈴薯混合，加鹽、胡椒調味。

2. 酪梨切丁，起司片切成 4 等份。

3. 把 1 分成 8 等份，放在手掌上包入起司、酪梨，然
   後整成圓形。

4. 把 3 按順序沾裹麵粉、蛋液、麵包粉，放進 170℃ 的
   熱油中炸至金黃色後盛盤，搭配自己喜歡的生菜。

沖繩風苦瓜酪梨炒什錦

加了酪梨，苦瓜的苦味也變得溫和順口。
酪梨只要稍微炒一下就可以起鍋！

材料（2 人份）

酪梨 … 1/2 顆
苦瓜 … 1 條
豆芽菜 … 1 把
火腿肉罐 … 85g
蛋 … 1 顆
鹽 · 胡椒 … 各適量
沙拉油 … 適量
柴魚片 … 適量

作法

1. 苦瓜去蒂去籽後切薄片，火腿肉切成容易食用的大
   小，酪梨切成一口大小。蛋打散備用。
2. 在平底鍋先熱油，把火腿肉煎至表面微焦，加入苦瓜
   和豆芽菜，以鹽、胡椒調味。
3. 在 2 加入酪梨，用繞一圈的方式淋上蛋液，輕輕拌炒
   到蛋熟。盛盤，灑上柴魚片。

NATURAL
MENT
r Non-stick Cooking & Baking
NATURAL
HMENT PAPE
nt Paper for Non-stick Cooking & Baking
Contents: 20.66 Sq.Ft. (14 7/8"X16'8

炸酪梨山藥玉米餅

山藥泥加酪梨炸起來鬆鬆綿綿。
簡單用鹽巴調味，讓玉米更加香甜。

材料（2 人份）

酪梨 … 1/2 顆
山藥 … 200g
玉米罐頭 … 30g
麵粉 … 1 大匙
醬油 … 1 大匙
鹽 … 少許
油炸用油 … 適量

作法

1. 山藥剝皮磨成泥，放進調理盆。
2. 酪梨切小丁，和玉米一起放進 1 的調理盆，加入麵粉、醬油均勻混合。
3. 用湯匙舀起 2，慢慢地放進 170℃ 的熱油中，邊油炸邊翻面，直到變成金黃色。盛盤，灑上鹽巴。

起司酪梨鍋

加入火鍋也一樣好吃的酪梨。
不過煮太久容易化在湯裡，所以記得最後再放！

材料（2 人份）

酪梨 … 1/2 顆

起士鍋湯底（市售）… 1 袋

紅蘿蔔 … 5 ～ 6mm 厚的圓片 3 片

鴻喜菇 … 50g（1/2 包）

香菇 … 2 朵

白菜 … 1/4 顆

菠菜 … 1/2 把

去骨雞腿肉 … 60g

起司片 … 1 片

作法

1. 將白菜、菠菜洗乾淨後切成容易入口的大小，鴻喜菇用手剝散。香菇切十字花刀。雞肉切成一口大小。

2. 把 1、紅蘿蔔、起士鍋湯底放進鍋子裡煮 5 ～ 7 分鐘，讓雞肉熟透。

3. 加入起司片、切片酪梨，蓋上鍋蓋燜 1 分鐘。打開蓋子，起司和酪梨與湯融合即可。

菇菇番茄酪梨沙嗲

吃得到各種菇類和酪梨的健康料理。
食材切大塊一點，吃起來口感更佳。

材料（2 ～ 3 人份）

酪梨 … 1/2 顆
鴻喜菇 … 1 包（100g）
舞菇 … 1 包（100g）
杏鮑菇 … 1 包（100g）
小番茄 … 9 顆
奶油 … 適量
橄欖油 … 適量
鹽・胡椒 … 各少許

作法

1. 將鴻喜菇剝散，舞菇撕成適當大小。杏鮑菇切半（如
   果覺得太大，可以切成4等份）。酪梨切成一口大小。
   小番茄去蒂頭。
2. 平底鍋熱鍋後倒入橄欖油和奶油，用中火將鴻喜菇、
   舞菇、杏鮑菇炒熟。灑上鹽、胡椒，加入小番茄、酪
   梨輕輕拌炒一下，即可盛盤。

酪梨豬五花捲

份量滿滿，也適合拿來作便當菜。
先用青紫蘇葉包住酪梨，肉捲會更容易成形。

材料（4 人份）

酪梨 … 1/4 顆　　　　　　鹽‧粗磨黑胡椒 … 各少許

豬五花肉片 … 4 片　　　　水 … 適量

青紫蘇葉 … 4 片　　　　　蕃茄醬 … 2 大匙

甜椒 … 1/4 顆　　　　　　橄欖油 … 適量

杏鮑菇 … 2 顆　　　　　　山蘿蔔葉 … 依個人喜好添加

洋蔥 … 1/2 顆

作法

1. 將彩椒縱切成 4 等份，杏鮑菇對切。洋蔥切絲。

2. 酪梨切成 4 片，用青紫蘇葉包住。

3. 豬肉兩面灑上鹽、胡椒，在一端放上 2、甜椒、杏鮑
   菇，然後往另一端捲起，插上牙籤固定。

4. 平底鍋熱鍋倒入橄欖油，把洋蔥炒軟，將 3 的肉捲開
   口朝下放到平底鍋，煎至表面微焦。

5. 在 4 的平底鍋倒入少量的水，蓋上鍋蓋將肉捲燜熟。

6. 打開蓋子讓水氣蒸發，加番茄醬，讓肉捲均勻沾附番
   茄醬。盛盤，擺上山蘿蔔葉。

PART

3

ONE PLATE

avocafe recipe

令人滿足的
主餐食譜

接下來要介紹加了酪梨的蓋飯、
義大利麵等，份量滿滿的食譜。
日常的料理只要加入酪梨，美味
度就會大大提升。一盤或一碗就
讓你吃得飽飽，也非常推薦作為
午餐！

火腿肉酪梨蓋飯

在咖啡店裡最受歡迎的餐點。
濃郁滑順的酪梨搭配鹹香的火腿肉，好吃到讓人上癮！

材料（1 人份）

白飯 … 1 碗
酪梨 … 1/2 顆
火腿肉罐 … 45g
小番茄 … 1 顆
溫泉蛋 … 1 顆
細海苔絲 … 適量
橄欖油 … 適量
照燒醬（市售）‧美乃滋 … 各適量

作法

1. 火腿肉切成長方形小塊，小番茄切半。酪梨切片。
2. 平底鍋熱鍋倒入橄欖油，將火腿肉煎至兩面微焦。
3. 盛飯，灑上細海苔絲，然後擺上火腿肉、酪梨、小番茄。
4. 中央打上一顆溫泉蛋，淋上照燒醬和美乃滋。

酪梨塔可飯

擺滿豐富食材有份量的塔可飯，
加一些自己喜歡的蔬菜！

材料〔1 人份〕

白飯 … 1 碗   醬油 … 2 大匙
酪梨 … 1/2 顆   橄欖油 … 適量
洋蔥 … 1/2 顆   莎莎醬 … 2 大匙
番茄 … 1/4 顆   起司粉（帕馬森乾酪）… 適量
豬牛混合絞肉 … 120g   墨西哥玉米片 … 適量
紅萵苣 … 適量
小番茄 … 2 顆

作法

1. 平底鍋熱鍋倒入橄欖油，將切末的洋蔥炒至焦糖色。
   加入絞肉炒熟，把切成一口大小的番茄、塔可香料調
   味粉放進去混合，最後加入醬油稍微拌炒後關火。

2. 盛飯，把 1 倒在飯上，然後擺上撕小片的紅萵苣、切
   半番茄、切片酪梨裝飾。

3. 淋上莎莎醬，灑上起司粉，依個人喜好加入墨西哥玉
   米片。

沖繩風滷豬肉酪梨蓋飯

沖繩的鄉土料理－滷豬肉，添加酪梨的升級版。
軟嫩入味的滷肉美味無法擋。

材料（1 人份）

白飯 … 1 碗　　　　　　水 … 600ml

酪梨 … 1/2 顆　　　　　清酒 … 200ml

豬五花肉塊 … 200g　　　醬油 … 2 大匙

日本大蔥 … 1 根　　　　砂糖 … 2 大匙

薑 … 50g　　　　　　　細海苔絲 … 適量

小番茄 … 1 顆　　　　　蔥絲・蔥花 … 各適量

溫泉蛋 … 1 顆　　　　　白芝麻 … 適量

作法

1. 在鍋內放入豬肉，加水（材料份量外）淹過豬肉，用
   中火煮 1 小時左右，一邊撈出浮在湯汁表面的雜質泡
   沫。

2. 倒掉 1 的湯汁，分別加入清酒和水各 200ml，日本大
   蔥切大段，薑切片，和醬油、砂糖一起放進鍋裡，以
   中小火燉煮 1 小時左右（水分開始蒸發時，將 400ml
   的水少量分次加入）。

3. 盛飯，灑上細海苔絲。將 2 的滷豬肉切成容易食用的
   大小，和切片酪梨、切半小番茄、溫泉蛋一起擺在飯
   上面。

4. 淋上一圈 2 的湯汁，灑上蔥絲、蔥花、白芝麻。

秋葵豆腐酪梨蓋飯

酪梨、豆腐、秋葵、溫泉蛋，滑嫩嫩食材作成的綜合蓋飯。
依個人喜好加上鮪魚或柴魚片也很讚！

材料（1 人份）

白飯 … 1 碗
酪梨 … 1/2 顆
豆腐 … 1/2 塊
秋葵 … 1 條
細海苔絲 … 少許
溫泉蛋 … 1 顆
蔥花・白芝麻 … 各適量
日式鰹魚醬油露 … 適量

作法

1. 秋葵切小塊，酪梨切小丁。將豆腐、秋葵放進調理
   盆，一邊搗碎豆腐一邊將兩者混合，再加入酪梨輕
   拌。
2. 盛飯，灑上細海苔絲，把 1 蓋在飯上。
3. 中央打上溫泉蛋，灑上蔥花和白芝麻，淋上鰹魚醬油
   露享用。

香鮭魩仔魚酪梨蓋飯

鹹香的鮭魚和美味的魩仔魚好下飯。
搭配酪梨一起吃，更是讓人滿足。

材料（1 人份）

白飯 … 1 碗

酪梨 … 1/2 顆

鮭魚罐頭（剝散）… 適量

魩仔魚 … 適量

白蘿蔔 … 1/8 條

青紫蘇葉 … 3 片

白芝麻 … 適量

醬油 … 適量

作法

1. 青紫蘇葉撕成小片，白蘿蔔磨成泥。酪梨切小丁。

2. 在調理盆中混合鮭魚和魩仔魚，加入酪梨輕拌。

3. 盛飯，放上2和除去多餘水分的蘿蔔泥。灑上青紫蘇
   葉、芝麻，依個人喜好淋上醬油享用。

鹹菜蝦仁酪梨燉飯

不費工夫簡單完成的酪梨燉飯。
特色在於湯汁裡蝦子與菇類的精華，還有鹹菜的風味。

材料（1 人份）

白飯 … 2 碗   白酒 … 1 大匙
酪梨 … 1 顆   鹽‧胡椒 … 各少許
蝦仁（冷凍）… 6 小隻   橄欖油 … 適量
鹹菜 … 40g   起司粉 … 適量
鴻喜菇 … 50g
法式高湯（也可用高湯塊製作）… 200g

作法

1. 將冷凍蝦仁以沖水方式解凍，橫切成兩半。鹹菜切細，稍微泡水去鹽分。鴻喜菇用手剝散。酪梨切大丁。

2. 將橄欖油倒進平底鍋，熱油後放進瀝乾鹹菜、蝦仁和鴻喜菇一起拌炒。

3. 炒到蝦仁變色時，加入白飯翻炒均勻後，再加高湯和白酒。

4. 煮至湯汁收乾，加入酪梨，用鹽、胡椒調味。盛盤，依個人喜好灑上起司粉。

泰式酪梨咖哩

使用綠咖哩膏的話,道地口味也可簡單重現。
享用口感豐富的蔬菜和酪梨!

材料（2 人份）

白飯 … 2 碗	大蒜 … 1 瓣
酪梨 … 1 顆	泰式綠咖哩膏 … 25g
去骨雞胸肉 … 100g	椰奶 … 1 罐
洋蔥 … 2 顆	水 … 250ml
茄子 … 1 條	檸檬葉（或月桂葉）… 依個人喜好添加
小番茄 … 1 顆	砂糖 … 1 大匙
秋葵 … 4 條	橄欖油 … 適量
蓮藕 … 1/3 節	羅勒 … 適量

作法

1. 將洋蔥和大蒜切末,茄子切滾刀塊,小番茄切半。秋葵燙熟縱切成兩半,蓮藕燙熟切成半月片。

2. 在平底鍋中倒入橄欖油,熱油後以小火將洋蔥炒到變成焦糖色,即可關火。

3. 在另一口鍋子倒入橄欖油,熱油後以小火將大蒜炒出香味,加入切成一口大小的雞肉拌炒。加入 2 的洋蔥、綠咖哩膏,炒出香味後再放椰奶、水、檸檬葉,用小火燉煮約 1 小時。

4. 加入茄子、砂糖,再繼續煮 30 分鐘左右。

5. 盛飯,灑上羅勒,淋上 4 的咖哩,擺上酪梨、小番茄、秋葵、蓮藕等配料。

番茄酪梨法國麵包

將食材擺在烤得香酥的法國麵包上。
濃郁酪梨搭配清爽優格醬,真是絕佳美味!

材料(3 人份)

法國長棍麵包
(切 1cm 厚片)… 3 片
酪梨 … 1/4 顆
生火腿 … 3 片
小番茄(紅・黃)… 各適量
黑橄欖(去籽)… 適量

Ⓐ 原味無糖優格 … 50g
橄欖油 … 1/2 小匙
蜂蜜 … 1/2 大匙
大蒜粉 … 1 小搓
香草鹽 … 1/2 小匙
奶油起司(cream cheese)… 18g

作法

1. 酪梨切片,小番茄切半,黑橄欖切成圓薄片。在調理盆中將Ⓐ
   均勻混合,製作優格醬。

2. 切片烤過的法國麵包分別抹上奶油起司,擺上生火腿、酪梨、
   小番茄、黑橄欖,淋上Ⓐ的優格醬即可享用。

義式辣醬酪梨筆管麵

好吃又帶點辛辣的茄汁 Arrabbiata。
加上酪梨讓整道菜變得溫和順口。

材料（2 人份）

筆管麵 … 160g

酪梨 … 1/2 顆

整顆水煮番茄罐頭 … 340g

大蒜 … 3 瓣

紅辣椒 … 2 條

鹽 … 適量

橄欖油 … 3 大匙

起司粉 … 適量

羅勒葉 … 適量

作法

1. 將番茄放進調理盆裡搗碎（如果覺得芯太硬可去除）。大蒜切末，酪梨切成一口大小。筆管麵按照包裝標示煮熟。

2. 將橄欖油倒進平底鍋，熱油後以小火拌炒大蒜，注意不要炒焦，炒到變成金黃色即可關火。紅辣椒加進去輕拌20秒左右取出。

3. 在2加入1的番茄，開中火煮至沸騰，加入一小搓鹽，邊煮邊輕搖平底鍋讓水分蒸散。

4. 醬汁開始變得濃稠即可關火，加鹽調味，然後放入筆管麵和酪梨輕拌混合。盛盤，灑上起司粉和撕小片的羅勒葉。

青醬蝦仁酪梨番茄冷麵

加了酪梨讓口感更加綿密滑順。
食譜選用的是容易吸附醬汁的天使細麵，
當然也可以選擇自己喜歡的義大利麵。

材料（2 人份）

天使細麵 … 160g
酪梨 … 1/2 顆
蝦仁（冷凍）… 10 ～ 14 隻
番茄 … 1 顆
青紫蘇葉 … 2 片

Ⓐ 青醬（市售）… 2 大匙
　 帕馬森起司粉 … 1 大匙
　 橄欖油 … 適量
　 鹽 … 少許

作法

1. 將蝦仁以沖水方式解凍，加鹽燙熟。將酪梨與番茄切成 1cm 丁。
2. 將Ⓐ放進調理盆中混合。
3. 天使細麵按照包裝標示煮熟，過冰水後瀝乾。
4. 在 2 的調理盆中加入 1、3 混合，加鹽（材料份量外）調味。盛盤，灑上切絲的青紫蘇。

季節蔬菜冷麵

檸檬風味的醬汁涼拌新鮮季節蔬菜，
吃起來像沙拉的義大利麵。加入自己喜歡的食材也 ok。

材料（2 人份）

義大利麵 … 140g

酪梨 … 1/2 顆

小黃瓜 … 1/2 條

甜椒（紅）… 1/4 顆

洋蔥 … 1/4 顆

茗荷 … 2 顆

紅蘿蔔 … 1/5 條

小番茄（紅·黃）… 各 2 顆

蓮藕 … 5mm

秋葵 … 2 條

玉米罐頭 … 50g

檸檬汁 … 1 大匙

橄欖油 … 50ml

鹽·胡椒 … 各少許

作法

1. 洋蔥切末。茗荷、紅蘿蔔切細絲。小番茄對切，蓮藕燙熟切成 1/4 圓片，秋葵燙熟縱切成兩半。酪梨、小黃瓜、甜椒切成小丁。

2. 將秋葵以外 1 的蔬菜、玉米粒放進調理盆，加入檸檬汁、橄欖油輕拌，以鹽、胡椒調味，然後放進冰箱冷藏1小時左右。

3. 依包裝標示煮熟義大利麵，過冰水冷卻，瀝乾水分，盛盤。

4. 將冰過的2淋在3的麵上，擺上秋葵。

酪梨原產於墨西哥和南美洲北部等地。據說在 13 世紀左右，南美洲已經有酪梨的栽培，而傳入日本已是距今約 100 年前的事了。

雖然目前和歌山縣和愛媛縣等少數農家仍有栽種酪梨，但是日本市面上販售的 99％ 是進口的，其中幾乎是墨西哥產。酪梨在海拔 1300 ～ 2350m 溫差大的高地生長，樹高約 5m（之中也有高達 25m 以上的巨大樹木）。以人工方式一顆一顆採收，在嚴格溫度管控的環境下保存，經過遙遠路程終於抵達日本。

PART

4

APPETIZER

avocafe recipe

酒類的好夥伴
下酒菜食譜

口感濃郁的酪梨也很適合當下酒
菜的材料。在這邊為大家介紹幾
道加了酪梨的涼拌菜、快炒等，
簡單快速就可上桌的下酒菜。

韓式魚腸醬拌
奶油起司佐香菜

沒想到和酪梨這麼對味的韓式魚腸醬。
爽脆有嚼勁的口感真不錯，也適合夜晚小酌。

材料（2 人份）

酪梨 ⋯ 1/2 顆
奶油起司（cream cheese）⋯ 30g
韓式魚腸醬 ⋯ 20g
芝麻油 ⋯ 少許
香菜 ⋯ 適量

作法

1. 將酪梨果肉乾淨取出（皮留下來當容器使用），和奶
    油起司切成 1cm 丁，放進調理盆。

2. 在 1 加入韓式魚腸醬和芝麻油涼拌，用酪梨皮盛裝，
    擺上香菜裝飾。
    ＊盛裝在其他容器也 OK。

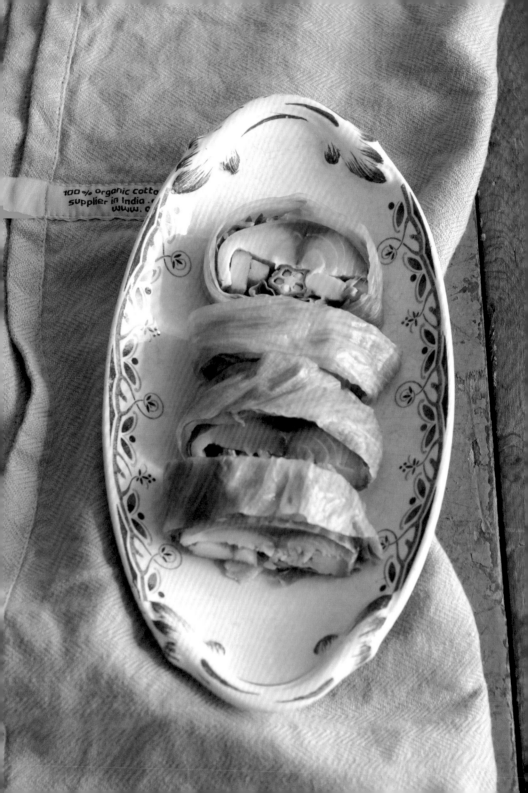

醋鯖魚酪梨萵苣捲

萵苣包著醋鯖魚和酪梨的壽司風。
滑嫩順口的酪梨搭配醋鯖魚非常對味！

材料（1 捲）

酪梨 … 1/2 顆
萵苣 … 2 ～ 3 片
青紫蘇葉 … 4 片
醋鯖魚 … 1 片（半條）
蟹肉棒 … 2 條
秋葵 … 2 條

作法

1. 萵苣洗淨，放進耐熱容器微波加熱 1 分～ 1 分 15 秒，
   過冰水後用廚房紙巾擦乾水分。秋葵水煮 1 分鐘左右。
2. 在保鮮膜上將萵苣葉鋪平，放上切片酪梨、青紫蘇葉、
   醋漬鯖魚、蟹味棒、秋葵，然後捲起來，和保鮮膜一
   起切成容易入口的大小，盛盤。食用前取下保鮮膜。

明太子拌山藥酪梨

可以品嚐到山藥爽脆口感的涼拌菜。
酪梨切小塊讓明太子醬更容易均勻沾附。

材料（1 人份）

酪梨 … 1 顆

山藥 … 200g

Ⓐ 明太子（軟管裝）… 約 5 ～ 10cm

　　日式鰹魚醬油露 … 少許

　　美乃滋 … 少許

細海苔絲 … 適量

作法

1.　酪梨和山藥切成 1cm 小丁。

2.　將Ⓐ放進調理盆中均勻混合，加入 1 涼拌。

3.　盛盤，灑上細海苔絲。

味噌漬酪梨

用味噌醃漬過的酪梨，濃郁口味適合作為下酒菜。
請務必嚐嚐這濕潤柔軟的獨特口感。

材料（容易製作的份量）

酪梨 … 1 顆
味噌醬

| 味噌 … 10 大匙
| 清酒 … 3 大匙
| 味醂 … 3 大匙
| 砂糖 … 3 大匙

作法

1. 將酪梨對切去核去皮。將製作味噌醬的材料放進調理盆中均勻混合。

2. 用紗布包住酪梨放進塑膠容器，在紗布上均勻塗滿味噌醬，靜置一晚。

3. 取下紗布，切成容易食用的厚度後盛盤。
   ＊酪梨塗上味噌醬靜置一晚，隔天享用風味絕佳。
   　放冰箱冷藏可保存 2 ～ 3 天。

泡菜酪梨炒豬肉

酪梨讓泡菜豬肉變得香滑順口。
可作為下酒菜,另外也很下飯!

材料(2 人份)

豬五花肉片 … 150g
韓式泡菜 … 120g
豆芽菜 … 1/2 袋
韭菜 … 1/2 把
芝麻油 … 1/2 大匙
白芝麻 … 1/2 大匙

作法

1. 將肉片切成 4cm。豆芽菜泡水後瀝乾。韭菜切成 3 ～ 4cm,酪梨切成一口大小。

2. 平底鍋內倒入芝麻油,熱油後用中大火將豬肉炒熟,加入豆芽菜和泡菜湯汁一起拌炒。

3. 均勻混合後加入韭菜快炒,最後放入酪梨稍微輕拌,即可關火。盛盤,灑上芝麻。

海苔醬拌酪梨

香濃海苔醬也很適合配白飯吃。
和調味料拌一拌,不一會兒工夫就完成了。

材料(2 人份)

酪梨 … 1 顆
海苔醬(市售)… 2 大匙
鹽麴(市售)… 1 大匙
哇沙米醬 … 少許

作法

1. 將海苔醬、鹽麴、哇沙米醬放進調理盆均勻
   混合。
2. 酪梨切成一口大小。
3. 把 2 放進 1 的調理盆中均勻沾裹醬料,盛盤。

酪梨的
無國界料理

酪梨的原產地以墨西哥為首,接著是美國、亞洲、歐洲等,世界各地的人們都愛吃酪梨。一起透過各國的道地料理好好享受酪梨的美味!

溫泉蛋生火腿春捲

加了酪梨的生火腿春捲。
沾附著從內餡流出來的滑嫩溫泉蛋，讓人想一口接著一口！

材料（2 人份）

酪梨 … 1/4 顆

米紙 … 2 張

溫泉蛋 … 2 顆

青紫蘇葉 … 6 片

生火腿 … 2 片

芒果丁 … 適量

醬油 … 1 ～ 2 滴

橄欖油 … 1 ～ 2 滴

作法

1. 酪梨切成 4 片。在調理盆內加一些水，把米紙放進去沾濕後取出鋪平（2 張中間用溼布隔開）。

2. 拿 3 片青紫蘇葉正面朝上擺在米紙中央，然後放上 1 片生火腿，再打上 1 顆溫泉蛋。

3. 將 2 片酪梨、芒果丁，圍繞著溫泉蛋擺放。在溫泉蛋上淋醬油和橄欖油，將米紙邊緣往內折捲起來。

4. 另 1 份也以同樣方法製作。

塔可餅

使用被稱為「tortilla」的薄烤餅皮作成的墨西哥傳統料理。
直接使用市售餅皮包入喜歡的食材，輕鬆簡單就可享受美味。

材料（2 人份）

酪梨 … 1/4 顆
墨西哥薄餅餅皮（市售）… 2 片
牛肉（切塊）… 40g
依個人喜好選擇的食材
　紫萵苣
　小番茄
　洋蔥 等 … 各適量
莎莎醬 … 適量
＊墨西哥薄餅餅皮在超市或進口食材專賣店買得到。

作法

1.　小番茄切成 6 等份，洋蔥切絲。酪梨和牛肉切成一口
　　大小。薄餅餅皮先微波加熱，或是先在平底鍋煎熱。

2.　牛肉灑上鹽、胡椒稍微煎一下，酪梨用叉子壓個 5 ～
　　6 回搗碎，和喜歡的食材一起包進薄餅，依個人喜好
　　淋上莎莎醬享用。

酪梨起司煎餅

表面的起司煎得又香又脆，超級無敵好吃！
沾醬中加了讓人食慾大增的韓式辣醬，請務必與煎餅一起享用。

材料（1 人份）

麵糊

　蛋 … 1 顆

　低筋麵粉 … 30g

　水 … 50ml

酪梨 … 1/2 顆

比薩用起司 … 80g

韭菜 … 1/2 把

紅蘿蔔 … 1/6 條

豬五花肉片 … 2～3 片

鹽 … 1/2 大匙

芝麻油 … 1 大匙

沾醬

　韓式辣醬 … 1 小匙

　醋 … 1 大匙

　醬油 … 1 大匙

　芝麻油 … 1 小匙

　味醂 … 1 大匙

　白芝麻 … 1/2 大匙

作法

1. 調製麵糊。在調理盆中把蛋打散，加入低筋麵粉和水充分攪拌。

2. 韭菜切成 3cm，紅蘿蔔切絲，豬五花肉切成 3 等份。酪梨切小丁。全部放進 1 的調理盆，加入鹽和一半份量的起司。

3. 在平底鍋倒入芝麻油，熱油後將 2 的麵糊均勻倒入展開。灑上剩下的起司，煎到單面微焦時，翻面用小火將表面起司煎得酥脆。

4. 切成容易入口的大小後盛盤，附上調好的沾醬。

德州辣肉醬

吃得到滿滿蔬菜與豆類的香辣燉煮料理。
加了酪梨提味,整體口感更加滑順美味。

材料（2 人份）

酪梨 … 1 顆　　　　　　　月桂葉 … 1 片
牛絞肉 … 200g　　　　　肉豆蔻粉 … 1/2 小匙
洋蔥 … 1/4 顆　　　　Ⓐ 鹽．胡椒 … 各適量
紅蘿蔔 … 1/4 條　　　　　砂糖 … 1 小匙
西洋芹 … 5cm　　　　　　高湯粉 … 2 小匙
大蒜 … 1 瓣　　　　　　　辣椒粉 … 1 大匙
紅辣椒 … 1 條　　　　　　甜椒粉 … 1/2 小匙
綜合水煮豆罐頭 … 120g　伍斯特醬 … 1 小匙
整顆水煮番茄罐頭 … 400g　橄欖油 … 1 大匙

作法

1. 將洋蔥、紅蘿蔔、西洋芹和大蒜切成末。酪梨切半取出果核，
   用湯匙將果肉乾淨挖出後切丁（皮留下來當容器使用）。

2. 在有點深度的鍋子倒入橄欖油，熱油放入蒜末、去籽紅辣椒以
   中火拌炒。香味出來後，加入牛絞肉、肉豆蔻，炒到肉變色再
   加入酪梨以外的蔬菜繼續拌炒。

3. 當洋蔥變得透明時，加入綜合豆子、整顆番茄和月桂葉一起燉
   煮，鍋內不時攪拌一下。

4. 湯汁收乾後，加入伍斯特醬和酪梨攪拌均勻，然後用酪梨皮盛
   裝。
   ＊盛裝在其他器皿也 OK。

炸酪梨咖哩餃

將辛香料調味的餡料包起來油炸的印度輕食。
剛炸好的酥脆外皮和鬆軟馬鈴薯，請一定要試試看！

材料（8 個）

酪梨 … 1/2 顆
馬鈴薯 … 1 大顆（或 2 ～ 3 小顆）
洋蔥 … 1/4 顆
鮪魚罐頭 … 1/3 ～ 1/2 罐
咖哩粉 … 3 小匙
鹽‧胡椒 … 各少許
沙拉油 … 1 大匙
油炸用油 … 適量

麵皮

低筋麵粉 … 125g
鹽 … 1/2 小匙
沙拉油 … 25ml
熱水 … 45ml

作法

1. 洋蔥切末，酪梨和馬鈴薯切成 1cm 丁。
2. 製作麵皮。低筋麵粉過篩放進調理盆，加鹽、沙拉油，用叉子拌勻。加入熱水繼續用叉子攪拌混合後，用手揉麵團約 5 分鐘，直到表面光滑。將麵糰搓成長條，包上保鮮膜，常溫靜置 30 分鐘。
3. 在平底鍋中倒入沙拉油，熱油後將洋蔥炒到變軟，再放入馬鈴薯拌炒。
4. 馬鈴薯開始變得透明時，加入咖哩粉、鹽、胡椒和鮪魚，蓋上鍋蓋用小火燜 5 分鐘左右。
   待食材熟透，加入酪梨輕輕拌炒，關火放涼。
   將 2 的麵團分成 4 個，分別桿成約 20 * 15cm 大小的橢圓形，再對切成兩片，包進 3 的食材，折成三角形，盡量擠出空氣包緊。
5. 將 4 放進 160℃ 的熱油，炸成金黃色。

WORLD
avocafe recipe

西西里燉菜

將豐富的蔬菜炒過燉煮的西西里島傳統料理。
添加酪梨讓整體口感更有層次。

材料（2 人份）

酪梨 … 1/2 顆
茄子 … 1 條
櫛瓜 … 1 條
南瓜 … 1/8 顆
甜椒（紅・黃）… 各 1/2 顆
番茄 … 1 顆
洋蔥 … 1/4 顆
西洋芹 … 1/4 根

大蒜 … 1 瓣
羅勒葉 … 適量
Ⓐ 高湯粉 … 1 小匙
　 白酒 … 3 大匙
　 砂糖 … 少許
　 橄欖油 … 1 大匙
　 美乃滋 … 適量

作法

1. 茄子、櫛瓜、南瓜、甜椒、番茄切成一口大小。洋蔥、西洋芹、大蒜切末。酪梨切小丁。

2. 在鍋子裡放入橄欖油和大蒜，炒到香味出來後，加入洋蔥、西洋芹以中火炒到變軟，再加入酪梨之外的蔬菜繼續拌炒。

3. 油分均勻分布蔬菜後，加入Ⓐ以小火燉煮，邊攪拌邊讓湯汁收乾，注意不要煮焦。最後加入酪梨，只要稍微加熱即可。

4. 關火，加入切絲的羅勒葉輕拌。在盤子中央放上圓形蛋糕模（直徑9cm＊高4cm），把3滿滿填進去後取下模具，淋上美乃滋，用羅勒葉裝飾。

＊圓形蛋糕模：沒有底的圓形烤模。
製作司康或餅乾時可用來壓出形狀，也可以直接倒進麵糊烤蛋糕。
沒有蛋糕模的話，用空罐子代替，或是直接盛盤也OK。

PART

6

DESSERT

avocafe recipe

酪梨的
甜點＆飲料

濃郁滑順、入口即化的酪梨，作
成蛋糕、甜派、芭芭露等甜點，
變得更好吃。也很推薦可以享受
軟綿綿口感的酪梨飲品！

DESSERT

avocafe recipe

蜂蜜＋肉桂

只要淋上蜂蜜、灑上肉桂粉，酪梨馬上變身一道甜點！

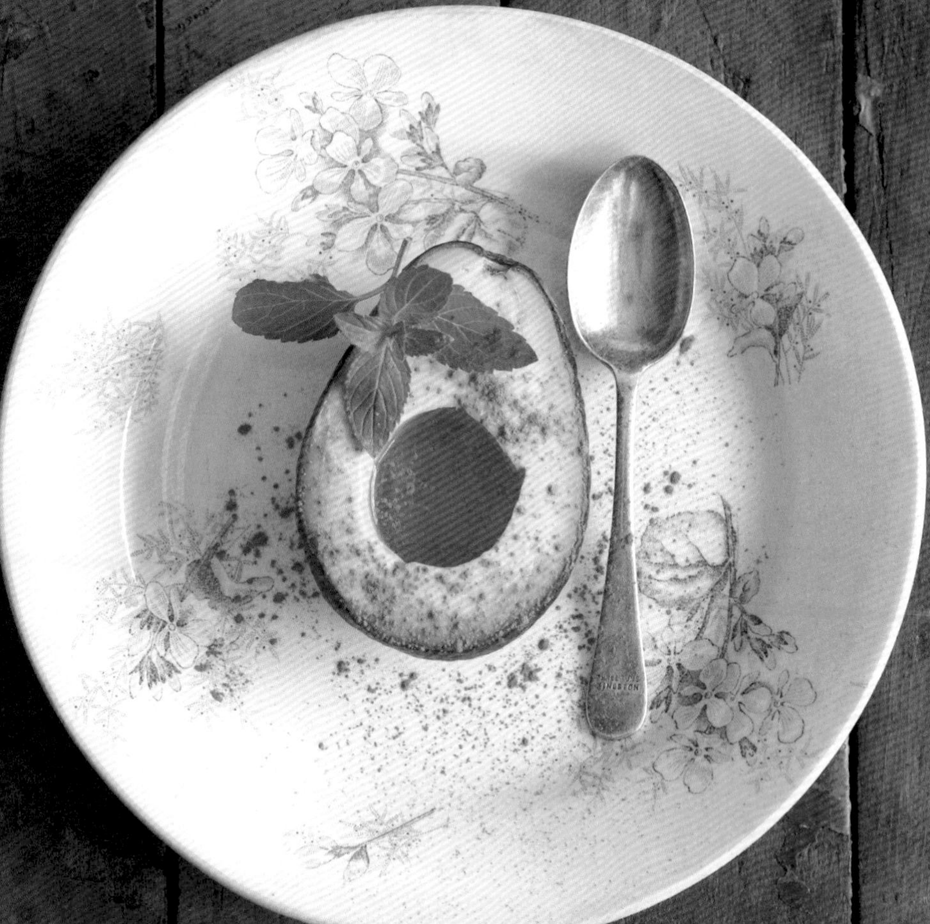

材料（2 人份）

酪梨 … 1/2 顆
蜂蜜 … 適量
肉桂粉 … 適量
薄荷葉 … 適量

作法

在凹洞倒進 2/3 滿的蜂蜜，用薄荷葉裝飾，灑上肉桂粉。

A　酪梨草莓果昔

B　酪梨香蕉奶昔

C　酪梨馬格利調酒

A 酪梨草莓果昔

微酸的草莓和蔓越莓,清爽滋味讓人回味。

材料(1 人份)

酪梨 … 1/2 顆
草莓 … 5 顆
蔓越莓汁(市售)… 180ml
蜂蜜 … 適量

作法

先將去核去皮的酪梨和草莓冷凍備用。用果汁機將草莓、酪梨、蜂蜜和蔓越莓汁,一起打成滑順果昔。

＊依個人喜好另外擺上草莓與酪梨裝飾。

B 酪梨香蕉奶昔

香甜的香蕉好吃又營養滿分,也很適合當成早餐。

材料(1 人份)

酪梨 … 1/2 顆
香蕉 … 1/2 根
牛奶 … 180ml
蜂蜜 … 適量

作法

先將去核去皮的酪梨和香蕉冷凍備用。用果汁機將香蕉、酪梨、蜂蜜和牛奶,一起打成滑順奶昔。

＊依個人喜好另外擺上香蕉裝飾。

C 酪梨馬格利調酒

喝起來還是馬格利,不過酪梨的魔法讓口感就像慕斯一樣綿密!

材料(1 人份)

酪梨 … 1/2 顆
馬格利(韓國米酒)… 150ml

作法

先將去核去皮的酪梨冷凍,馬格利冷藏冰涼備用。用果汁機將酪梨和馬格利酒充分混合。

烤酪梨起司蛋糕

加了酪梨的烘烤起司蛋糕。
口感扎實濃郁的起司蛋糕，調配成清爽的檸檬風味享用。

材料（直徑 18cm 的圓形蛋糕 1 個）

酪梨 … 1/4 顆
奶油起司（cream cheese）… 200g
砂糖 … 60g
蛋 … 2 顆
鮮奶油 … 150ml

檸檬汁 … 15ml
低筋麵粉 … 25g
薄荷葉 … 適量
發泡鮮奶油 … 適量

作法

1. 將在室溫回溫後的奶油起司放進調理盆，和砂糖用打蛋器攪拌均勻，再加入蛋、鮮奶油、檸檬汁、低筋麵粉，充份混合。然後加入酪梨，邊將酪梨搗成泥狀邊攪拌和麵糊混合。
2. 將 1 倒進烤模，放進預熱 180℃ 的烤箱中烤 30 分鐘。
3. 烤好稍微放涼後取下模具，放進冰箱冷藏降溫。切成容易食用大小，依個人喜好用切片酪梨（材料份量外）、發泡鮮奶油及薄荷葉裝飾。

酪梨蘋果派

充分享受酪梨的香濃口感和蘋果的酸甜滋味。
使用冷凍派皮就能簡單完成。

材料（直徑 18cm 的派 1 個）

酪梨 … 1 顆

蘋果 … 1 顆

冷凍派皮（室溫解凍）

… 直徑 18cm

Ⓐ 無鹽奶油 … 15g

　細砂糖 … 30g

　蘭姆酒 … 10ml

　肉桂粉 … 適量

Ⓑ 檸檬汁 … 1/4 顆的量

　肉桂粉 … 適量

Ⓒ 無鹽奶油 … 30g

　細砂糖 … 30g

　蛋液 … 30g

　杏仁粉 … 30g

作法

1. 將蘋果削皮，切成2cm月牙片。將Ⓐ的奶油、細砂糖放到平底鍋中加熱融化，用小火把蘋果炒到變軟。待水分收乾，淋上蘭姆酒，灑上肉桂粉，然後放涼。

2. 酪梨切成跟蘋果的一樣大小形狀，淋上（灑上）Ⓑ。

3. 將Ⓒ的奶油放室溫軟化後放進調理盆，用打蛋器攪拌至滑順狀，加入細砂糖混合。蛋液要留一些最後使用，其餘的少量分次加進奶油中攪拌，杏仁粉也分次加入攪拌。

4. 在派盤鋪上派皮（切掉多餘部份），把3倒入，交替擺上1和2。多出來的派皮切成細長條，擺在最上面裝飾，最後用刷子塗上蛋液。放進預熱220℃的烤箱中烤15分鐘後，將溫度調到180℃再烤20分鐘左右。

炸柑橘醬酪梨餃

從炸得酥脆的外皮裡，流出滑嫩柔軟的酪梨餡。
柑橘醬清爽酸味也是美味的關鍵。

材料（4 顆）

酪梨 ⋯ 1/4 顆
柑橘醬（市售）⋯ 4 大匙
餃子皮（市售）⋯ 4 片
糖粉 ⋯ 適量
薄荷葉 ⋯ 適量
油炸用油 ⋯ 適量

作法

1. 酪梨切成 4 片。在餃子皮上依序放上柑橘醬→酪梨片→
   柑橘醬，邊緣抹點水仔細包好。
2. 將 1 放進 160℃ 的熱油，炸到變成金黃色。
3. 裝盤，灑上糖粉，依個人喜好用柑橘醬和薄荷葉裝飾。

米酪梨芭芭露

使用酪梨，帶有淡淡甜味的法式甜點。
加了米飯的 QQ 口感，超級不可思議。

材料（直徑 7cm ＊ 4cm 容器 2 個）

酪梨 ⋯ 1/4 顆　　　　砂糖 ⋯ 20g
白飯 ⋯ 30g　　　　　吉利丁片 ⋯ 8g
檸檬汁 ⋯ 適量　　　　沙拉油 ⋯ 少許
鮮奶油 ⋯ 200ml　　　柑橘醬 ⋯ 少許
牛奶 ⋯ 100ml　　　　薄荷葉 ⋯ 少許

作法

1. 酪梨切小丁後淋上檸檬汁。白飯先稍微用水洗掉黏性。
   吉利丁片用水泡軟。

2. 在鍋子裡放入鮮奶油、牛奶、白飯和砂糖煮至沸騰時，
   放入吉利丁融化。關火，加入 1 的酪梨混合攪拌。

3. 在容器塗上沙拉油，將 2 倒入，放冰箱冷藏至凝固。
   從容器中取出芭芭露裝盤，淋上柑橘醬，擺上薄荷葉裝
   飾。

   ＊也可裝在冷藏容器直接食用。容器的大小，建議比平常吃飯
   使用的碗，再小一點的為佳。

酪梨狂熱

「アボカド三昧 ～アボカド 門店のかんたん、おいしい 品レシピ」

超營養、極美味、很簡單，
從沙拉、丼飯、義大利麵、甜點到下酒菜的人氣食譜80＋

作者	宮城尚史、宮城香珠子（avocafe）
譯者	林奕孜
責任編輯	鄒季恩
封面設計	劉佳華
內頁排版	劉佳華
行銷企劃	王琬瑜、卓詠欽、呂佳羹
發行人	許彩雪
出版	常常生活文創股份有限公司
E-mail	goodfood@taster.com.tw
地址	台北市106大安區建國南路1段304巷29號1樓
法律顧問	浩宇法律事務所
總經銷	大和圖書有限公司
電話	02-8990-2588
傳真	02-2290-1628
製版	凱林彩印股份有限公司
定價	新台幣350元
初版二刷	2019年7月
ISBN	978-986-93068-6-7
讀者服務專線	02-2325-2332
讀者服務傳真	02-2325-2252
讀者服務信箱	goodfood@taster.com.tw
讀者服務網頁	https://www.facebook.com/goodfood.taster

國家圖書館出版品預行編目(CIP)資料

酪梨狂熱：超營養、極美味、很簡單，從
沙拉、丼飯、義大利麵、甜點到下酒菜
的人氣食譜80＋/ 宮城尚史, 宮城香珠子
（avocafe）作；林奕孜譯. -- 初版. -- 臺
北市：常常生活文創, 2016.09 160面；
15×21公分 譯自：アボカド三昧：アボカ
ド 門店のかんたん,おいしい 品レシピ
ISBN 978-986-93068-6-7(平裝)

1.食譜

427.1   105013908

Original Japanese title: ABOKADO ZANMAI
ABOKADO SENMONTEN NO KANTAN,
OISHII ZEPPIN RECIPE Copyright © 2013
Hisahi Miyagi, Kazuko Miyagi Copyright ©
2013 Mynavi Publishing Corporation
Original Japanese edition published by
Mynavi Publishing Corporation
Traditional Chinese translation rights arranged
with Mynavi Publishing Corporation through
The English Agency (Japan) Ltd. and AMANN
CO., LTD.
版權所有・翻印必究（缺頁或破損請寄回更換）
Printed In Taiwan

avocafe
東京都千代田區神田神保町1-2-9　ウェルスビル3F
週一～週五　　　11：30～15：00（LO.14：45）、18：00～23：00（LO.22：30）
六日・國定假日　12：00～15：00（LO.14：45）、15：00～22：00（LO.21：30）
http://ameblo.jp/avocafe/

avocafe staff　　片倉亞美 ／ 藤川惠 ／ 山崎愛子
special thanks　avocafe 全體員工、來店用餐的每位顧客
book staff　　　設計-桑平里美、攝影-masaco、造型-中里真理子、採訪-矢澤純子、校閱-西進社、編輯-櫻岡美佳